KB178980

가가린이 들려주는 무중력 이야기

가가린이 들려주는 무중력 이야기

ⓒ 정완상, 2010

초 판 1쇄 발행일 | 2005년 11월 17일
개정판 1쇄 발행일 | 2010년 9월 1일
개정판 11쇄 발행일 | 2021년 5월 31일

지은이 | 정완상
펴낸이 | 정은영
펴낸곳 | (주)자음과모음

출판등록 | 2001년 11월 28일 제2001-000259호
주   소 | 04047 서울시 마포구 양화로6길 49
전   화 | 편집부 (02)324-2347, 경영지원부 (02)325-6047
팩   스 | 편집부 (02)324-2348, 경영지원부 (02)2648-1311
e-mail | jamoteen@jamobook.com

ISBN 978-89-544-2068-6 (44400)

가가린이 들려주는

무중력 이야기

| 정완상 지음 |

㈜자음과모음

우주 조종사를 꿈꾸는 청소년을 위한
가가린의 '무중력' 이야기

가가린은 세계 최초로 우주 비행을 성공한 러시아의 우주 조종사입니다. 그 후 아폴로 우주선이 달에 착륙하고 지금은 우주 왕복선이 우주를 여행합니다.

무중력 공간은 어떤 곳일까요? 여러분은 TV를 통해 우주선 조종사들이 둥둥 떠 있는 모습을 본 적이 있을 것입니다. 이제 가가린이 무중력 공간에서 물리학, 화학, 생물학이 어떻게 달라지는지에 대한 재미있는 얘기를 들려줄 것입니다.

이 책을 쓰는 내내 어떻게 하면 재미와 정보, 지식 모두를 가지도록 도와줄까를 많이 생각했습니다. 고민 끝에, 여러분 곁에서 이 분야의 위대한 과학자가 쉽고 재미있게 읽을 수 있도록 도와준다면 중도에 포기하지 않고 끝까지 읽을 수 있을 것이라는 생각이 들었습니다. 그래서 생각해낸 것이 강의 형식입니다.

이 책에서는 가가린이 여러분을 자신의 수업 시간에 초대합니다. 자리에 앉으면 그때부터 마치 여러분이 우주 왕복선을 타고 무중력 상태를 경험하는 것처럼 생생한 이야기를 들을 수 있을 것입니다.

가가린의 수업을 듣는 동안 여러분은 무중력의 모든 것에 대해 알게 될 것입니다. 특히 무중력 공간에서 화장실을 이용하는 방법이라든가, 방귀를 뀌면 위험해진다는 사실은 매우 재미있는 내용입니다.

마지막으로 원고를 교정해 주고, 부록으로 실린 동화에 대해 함께 토론하며 좋은 책이 될 수 있게 도와준 박미나 양에게 고맙다는 말을 전하고 싶습니다. 그리고 이 책이 나올 수 있도록 물심양면으로 도와주신 강병철 사장님과 직원 여러분에게도 감사드립니다.

정 완 상

차례

중력이란 무엇인가요?

위로 던진 공은 왜 떨어질까요?
중력에 대해 알아봅시다.

1

중력이란 무엇인가요?

가가린이 중력에 대한 이야기로
첫 번째 수업을 시작했다.

안녕하세요? 나는 인류 최초로 우주 비행에 성공한 가가
린입니다.

무중력에 대한 이야기를 하기에 앞서 우리는 먼저 중력에
대해 알아야 합니다. 무중력은 중력이 없는 상태를 말하니
까요. 먼저 중력에 대해 이야기해 봅시다.

뉴턴은 질량을 가진 두 물체 사이에는 서로를 잡아당기는 힘
이 작용한다고 주장했습니다. 이 힘이 바로 만유인력이지요.

만유인력은 두 물체의 질량이 클수록 그리고 떨어져 있는
거리가 가까울수록 큽니다.

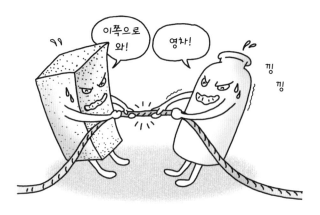

그러므로 두 물체가 아주 멀리 떨어지면 만유인력은 거의 0에 가까워지지요.

지구의 중력

우리가 살고 있는 지구는 아주 무겁습니다. 그러므로 지구와 지구 위의 물체 사이에는 아주 큰 만유인력이 생기겠지요. 그럼 이제 지구와 물체 사이의 만유인력에 대해 알아보겠습니다.

가가린이 손 위에 공을 올려놓고 갑자기 손을 치웠다. 그러자 공은 바닥으로 떨어졌다.

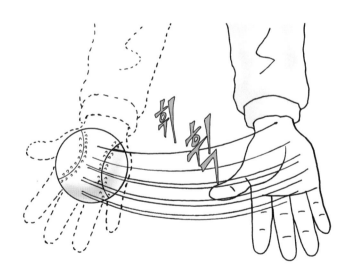

공은 왜 떨어졌을까요? 그것은 공이 힘을 받았기 때문입니다. 이 힘은 바로 지구와 공 사이의 서로를 당기는 만유인력이지요. 이렇게 지구의 물체는 지구가 당기는 힘인 만유인력을 받는데, 이것을 지구의 중력이라고 합니다.

그런데 이상한 게 있군요. 공도 지구를 당길 텐데 왜 지구는 공 쪽으로 안 떨어질까요?

그것은 지구가 공보다 훨씬 무겁기 때문입니다. 지구가 공을 당기는 힘과 공이 지구를 당기는 힘은 크기가 같습니다. 하지만 지구는 질량이 너무 크기 때문에 잘 움직이지 않습니다. 그에 비해 공은 질량이 매우 작으니까 잘 움직이지요.

이렇게 지구에서 물체의 운동을 생각할 때는, 지구는 움직

이지 않고 지구의 중력 때문에 물체만 움직이는 것으로 생각
해야 합니다.

무게 이야기

중력을 눈으로 볼 수 있는 방법이 있습니다.

가가린이 체중계에 올라갔다. 눈금은 60kg을 가리켰다.

60kg이지요? kg은 질량의 단위랍니다. 사람들은 무게와
질량을 잘 구별하지 않고 사용하지요.

체중계의 바늘이 왜 돌아갔을까요? 그것은 지구가 나를 잡아당기는 중력 때문입니다. 그 힘이 체중계 속의 용수철을 압축시켜 바늘이 돌아간 것입니다. 즉, 질량은 지구가 잡아당기는 중력의 크기입니다.

질량과 무게는 어떻게 다를까요? 뉴턴의 운동 법칙에 따르면 힘은 질량과 가속도의 곱입니다. 가속도는 물체의 속도 변화를 시간으로 나눈 값이죠. 그러니까 같은 시간 동안 물체의 속도가 크게 변하면 가속도가 큰 거죠. 속도의 단위는 m/s이고, 시간의 단위는 S(초를 나타내는 영어 단어 second의 앞 철자)이므로 가속도의 단위는 m/s^2이 됩니다.

무게도 힘이므로 질량과 가속도의 곱입니다. 이때 가속도는 지구가 물체를 잡아당기는 중력 때문에 생기는 가속도이므로 중력 가속도라고 합니다. 그런데 지구에서의 가속도는 약 $10m/s^2$입니다. 그러므로 60kg인 사람의 무게는 60에 10을 곱한 600이 되고, 힘의 단위인 N(Newton의 앞 철자로 뉴턴이라고 읽음)을 붙여 600N이 됩니다.

이렇게 물체의 무게는 질량에 10을 곱해야 하는데, 사람들이 질량의 단위를 마치 무게의 단위인 것처럼 사용하는 것입니다.

하지만 이것은 과학적으로 분명히 틀린 것이므로 과학자들은 자신의 몸무게를 얘기할 때 kg으로 나타낸 질량에 10을 곱한 값으로 얘기해야 합니다. 즉, 내 몸무게는 60kg이 아니라 600N이지요.

지구 중력의 탈출

위로 던진 물체는 땅으로 떨어집니다. 떨어지지 않고 지구 밖으로 도망갈 수 있는 방법은 없을까요?

한 학생이 공을 위로 살짝 던졌다. 공은 조금 올라갔다 떨어졌다.

살짝 던지면 공은 조금 올라갑니다. 하지만 지구의 중력 때문에 다시 떨어집니다.

다른 한 학생이 공을 위로 세게 던졌다. 공은 높이 올라갔다가 한참 뒤에 떨어졌다.

빠르게 던지니까 공이 높이 올라갔지요? 하지만 지구의 중력 때문에 떨어지기는 마찬가지입니다. 이렇게 물체를 던진 속력이 클수록 물체는 높이 올라갑니다. 그럼 물체가 아주 높이 올라가면 지구를 떠날 수도 있겠군요.

　물체를 초속 11.2km 이상으로 던지면 지구로 다시 떨어지지 않고 우주로 날아가는데, 이 속력을 지구 탈출 속력이라고 합니다.

어? 제 몸무게가 2kg 늘어서 45kg이 됐어요. 키가 컸나 봐요.

한창 클 때군요.

그런데 방금 전에 말한 kg은 질량의 단위이지 무게의 단위가 아니랍니다.

질량과 무게가 다르다고요?

네. 질량은 지구가 잡아당기는 중력의 크기이고, 무게는 질량과 가속도의 곱이지요.

무게 = 질량 × 가속도

이때 가속도는 지구가 물체를 잡아당기는 중력 때문에 생기는 것이므로 중력 가속도라고 부릅니다. 지구에서의 가속도는 약 10m/s²이지요.

만약 질량이 60kg인 사람의 무게는 60에 10을 곱한 600이 되고, 힘의 단위인 N을 붙여 600N이 됩니다.

그럼 몸무게는 저울로 잰 kg 값에 10을 곱해서 말해야 하는군요.

맞아요. 저울로 잰 것은 질량이고, 중력 가속도 10을 곱한 것이 무게가 되는 것이지요.

제 몸무게는 450N이에요.

2

중력과 가속도

가속도가 중력을 사라지게 만들 수 있을까요?
가속도와 중력의 관계에 대해 알아봅시다.

2

중력과 가속도

가가린이 활기찬 표정으로
두 번째 수업을 시작했다.

오늘은 가속도와 중력과의 관계에 대해 알아보겠습니다.

앞에서 얘기한 것처럼 가속도는 속도의 변화를 시간으로
나눈 값입니다.

예를 들어 봅시다. 트럭과 승용차가 정지선에 나란히 서 있
습니다. 승용차는 2초 후에 속력이 40m/s가 되었고, 트럭은
3초 후에 속력이 45m/s가 되었다고 합시다.

둘 중 가속도가 큰 것은 무엇일까요? 둘 다 처음에는 정지
해 있었으므로 속력이 0입니다. 그러므로 두 차의 속력의 변
화는 다음과 같지요.

승용차의 속력 변화 = 40 m/s

트럭의 속력 변화 = 45 m/s

트럭의 속력 변화가 더 크군요. 그럼 트럭의 가속도가 더 클까요? 그렇지는 않습니다. 가속도는 속력 변화를 시간으로 나누어야 하므로 다음과 같습니다.

승용차의 가속도 = 40 ÷ 2 = 20(m/s²)

트럭의 가속도 = 45 ÷ 3 = 15(m/s²)

그러므로 승용차의 가속도가 더 크다는 것을 알 수 있습니다.

엘리베이터 문제

이제 엘리베이터의 가속을 이용하여 가속도와 중력 사이의 관계를 알아보겠습니다.

가가린은 아이들과 함께 엘리베이터에 타고 체중계 위에 올라갔다. 엘리베이터가 정지해 있을 때 저울의 눈금은 60kg을 가리켰다.

이제 내 몸무게가 어떻게 달라지는지 보세요.

엘리베이터가 위로 올라가면서 점점 빨라지기 시작했다. 그러자 저울의 눈금이 60kg보다 큰 값을 가리켰다.

몸무게가 늘었지요? 몸무게는 지구가 잡아당기는 중력이니까 중력이 커졌다는 것을 말합니다. 그럼 무엇이 중력을 크게 만들었을까요?

그것은 바로 엘리베이터의 가속도입니다. 엘리베이터가 위로 가속되면 우리의 몸은 원래의 상태로 있고 싶어하는 성질이 있어 아래쪽으로 향하는 힘을 받게 됩니다. 이 힘은 엘리

베이터의 가속도가 클수록 커지지요. 이 힘이 사람의 무게와 같은 방향으로 작용하여 중력이 더 커진 것처럼 보이게 되는 것입니다. 이렇게 가속도는 중력을 만들 수 있습니다.

그럼 중력을 작게 만들려면 어떻게 하면 될까요?

엘리베이터가 다시 아래로 내려가면서 점점 빨라지기 시작했다. 그러자 저울의 눈금이 60kg보다 작은 값을 가리켰다.

몸무게가 줄어들었지요? 이때는 엘리베이터가 아래 방향으로 가속되니까 우리 몸은 원래의 상태로 있고 싶어하는 성질 때문에 위 방향으로의 힘을 받게 됩니다. 이 힘과 무게의 방향이 반대이므로 무게가 줄어든 것으로 나타나게 되는 것입니다.

만일 엘리베이터의 줄이 끊어져 추락한다면 어떻게 될까요? 이때 엘리베이터가 낙하하는 가속도는 지구의 중력에 의해 생기는 가속도입니다. 그러므로 위쪽 방향으로 향하는 힘의 크기는 사람의 질량과 중력 가속도의 곱이 되지요. 어! 이것은 사람의 무게와 크기가 같군요.

이 경우 사람의 무게는 0이 됩니다. 즉, 이 사람이 받는 중력의 크기는 0이 되지요. 이때가 바로 무중력 상태입니다.

무중력 상태이므로 사람은 엘리베이터 바닥에 서 있을 수 없습니다. 그러므로 둥둥 떠 있게 되겠지요.

실제로 우리가 무중력 상태를 경험할 수 있는 경우는 놀이동산에서 자이로드롭을 타 보는 것입니다. 자이로드롭이 자유 낙하를 하는 동안 우리는 무중력 상태를 경험하지요.

미국에서 로켓 조종사들을 훈련시킬 때는 아주 높은 곳에서 비행기의 엔진을 끄고 자유 낙하를 시키기도 합니다. 그럼 조종사들은 비행기 안에서 둥둥 떠다니겠지요.

몸이 더 무거워진 느낌이에요.

맞아요. 엘리베이터를 타고 올라가면 몸무게가 늘어납니다.

몸무게는 지구가 잡아당기는 중력의 크기이니까 중력이 커졌다는 뜻이지요.

무엇이 중력을 크게 만들었나요?

그것은 바로 엘리베이터의 가속도입니다. 엘리베이터가 위로 가속되면 우리의 몸은 원래의 상태로 있고 싶어하는 성질이 있어 아래쪽으로 향하는 힘을 받게 됩니다.

이 힘이 사람의 무게와 같은 방향으로 작용하여 중력이 더 커진 것처럼 보이게 되는 것입니다. 이렇게 가속도는 중력을 만들 수 있지요.

만약 중력을 작게 만들려면 어떻게 해야 하나요?

엘리베이터가 아래로 가속되면 원래의 상태로 있고 싶어하는 성질 때문에 위쪽으로의 힘을 받게 되어 무게가 줄어든 것처럼 나타납니다.

만일 엘리베이터의 줄이 끊어져 추락한다면 어떻게 될까요?

엘리베이터가 낙하하는 가속도가 사람의 무게와 크기가 같아지지요. 즉, 사람의 무게는 0이 되므로 이때가 바로 무중력 상태입니다.

하하, 무중력을 체험할 수도 있겠군요.

③

중력 만들기

가속도가 중력을 만들 수 있을까요?
관성력에 대해 알아봅시다.

3

중력 만들기

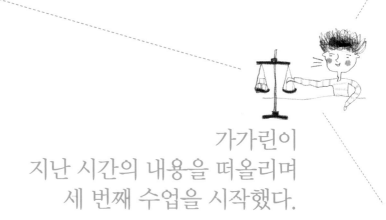

가가린이
지난 시간의 내용을 떠올리며
세 번째 수업을 시작했다.

오늘은 무중력에 대해 좀 더 정확하게 알아보겠습니다. 우리는 지난 시간에 엘리베이터의 줄이 끊기면 무중력 상태가 된다고 배웠습니다.

여기서 무중력이란 지구의 중력이 사라지는 것을 말하는 것은 아닙니다. 지구의 중력은 그대로 있는데 중력이 마치 사라진 것처럼 보이게 하는 가상의 힘이 반대 방향으로 작용한 것이지요. 이런 힘은 가속되는 곳에 있는 사람이 느끼는 힘으로 관성력이라고 합니다.

우선 관성력이 무엇인가를 알아봅시다.

슈우~웅

통

철수가 공을 비스듬히 던졌다고 합시다.

여러분이 볼 때 공은 포물선을 그리면서 올라가다가 떨어질 것입니다. 이때 공은 지구의 중력을 받는데, 이 힘은 실제로 존재하는 힘입니다.

만일 미나가 작아져서 공 위에 올라타고 공과 함께 날아간다고 해 봅시다. 그럼 미나에게 공은 어떻게 보일까요?

＿당연히 공은 정지해 있는 것으로 보일 것입니다.

그럼 이상하군요. 공은 분명히 중력을 받는데 말입니다. 이때 공과 함께 움직이는 미나에게 공이 정지해 있는 것처럼 보이는 것을 설명하기 위해 가짜 힘을 도입하여 공에 작용하는 전체 힘이 0이라고 해야 할 것입니다. 이 가짜 힘이 바로 관

성력입니다.

그러므로 공에 작용하는 힘은 중력과 관성력이지만, 두 힘은 평형을 이루어 미나는 공에 전혀 힘이 작용하지 않는 것으로 여기게 됩니다.

엘리베이터의 줄이 끊길 때 무중력 상태가 되는 것도 이와 같은 이유입니다. 엘리베이터 밖의 관찰자에게 엘리베이터 안의 사람은 지구의 중력에 의해 자유 낙하하는 것으로 보입니다.

하지만 엘리베이터 안의 관찰자에게는 지구의 중력과 반대 방향으로 관성력이 작용하여 물체에 작용하는 전체 힘이 0인 것처럼 보입니다. 그래서 중력이 사라진 것처럼 느끼게 되는 거죠.

이것을 간단히 실험해볼 수 있습니다.

가가린이 종이컵의 바닥에 구멍을 뚫고 물을 가득 부었다. 구멍을 통해 물이 아래로 떨어졌다.

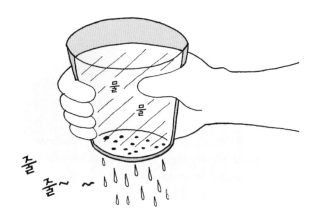

이제 무중력 상태를 보여 주겠습니다.

가가린이 종이컵을 떨어뜨렸다. 놀랍게도 물은 더는 새어 나오지 않았다.

컵 안의 물들이 마치 중력이 없는 것처럼 안 내려오지요? 이것을 컵 안의 관찰자 입장에서는 관성력이 중력과 반대 방

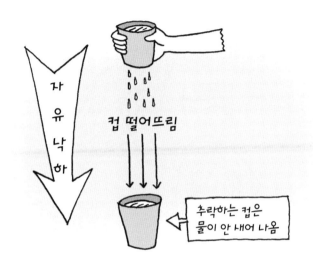

자유낙하

컵 떨어뜨림

추락하는 컵은
물이 안 내어 나옴

향으로 작용한 것으로 해석하고, 컵 밖의 관찰자는 컵과 물
이 중력에 의해 자유 낙하한다고 해석하게 됩니다.

회전 운동에서의 관성력

빙글빙글 도는 회전 운동에서도 관성력이 나타날까요? 물
론입니다.

가가린은 지우개에 줄을 매달아 빙글빙글 돌렸다.

지우개가 원운동을 하지요? 이것은 지우개가 원운동을 일
으키는 힘인 구심력을 받기 때문입니다. 이때 구심력은 줄의
장력(줄이 당겨지는 힘)이지요.

과학자의 비밀노트

구심력

구심력이란 원운동하는 물체에서 원의 중심 방향으로 작용하는 일정한
크기의 힘을 말한다. 이 힘은 물체의 운동 방향에 수직으로 작용한다.
예를 들어 자동차가 곡선 도로에서 회전할 때, 바깥쪽으로 튀어나가지 않
는 까닭은 자동차 바퀴와 지면 사이에 마찰력이 구심력으로 작용하
기 때문이다.

가가린은 지우개에 개미 1마리를 태우고 다시 빙글빙글 돌렸다.

지우개와 개미가 함께 원운동을 하지요? 이것은 밖에 있는 관찰자의 입장입니다. 하지만 개미를 관찰자라고 했을 때 지우개는 제자리에 정지해 있습니다.

그렇다면 개미의 입장에서는 지우개에 작용하는 전체 힘이 0이라고 생각할 것입니다. 이때 개미는 지우개를 돌리는 힘인 구심력과 크기는 같고 방향은 반대인 힘이 지우개에 작용한다고 여기게 되는데, 이 힘을 원심력이라고 합니다.

그러므로 개미의 입장에서는 구심력과 원심력이 평형을 이루어 지우개에 작용하는 힘이 0이 되므로 지우개가 정지해

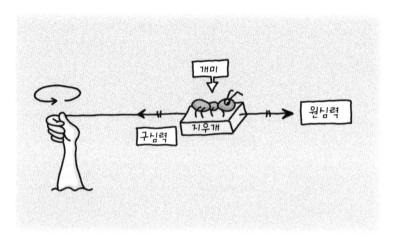

있다고 해석하게 됩니다. 그러므로 원심력은 회전하는 관찰자가 도입하게 되는 관성력입니다.

따라서 우리는 2종류의 무중력 상태를 이야기하게 됩니다.

하나는 관성력에 의한 무중력 상태이고, 다른 하나는 지구의 중력이 너무 약해져서 중력이 거의 없다고 생각되어지는 무중력 상태입니다.

관성력에 의한 예를 먼저 들어 보죠. 지구 주위를 빙글빙글

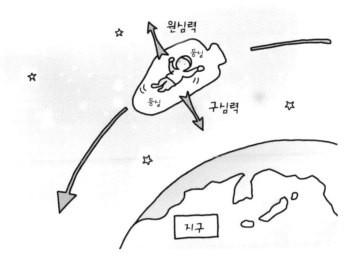

도는 인공위성을 타면 우리는 무중력 상태를 경험합니다. 이
때 인공위성의 원운동은 지구의 중력이 구심력의 역할을 하
기 때문에 일어납니다.

우리가 이러한 위성에 타게 되면 지우개에 붙어 돌던 개미
처럼 구심력과 크기가 같고 방향이 반대인 원심력을 도입해
야 합니다. 그러므로 위성에 탄 사람에게 모든 물체는 전체
힘이 0인 것처럼 여겨지게 되는데, 그것이 바로 무중력 상태
입니다.

두 번째 예를 들어 보죠. 우리가 로켓을 타고 주위에 질량
을 가진 천체가 거의 없는 그런 공간을 여행한다고 해보죠.
이때 지구의 중력은 지구로부터 멀어지면 작아지지만 완전히 0이 되지는 않습니다. 하지만 너무 멀어 중력의 크기가 거의 0에 가까울 때 우리는 흔히 무중력 상태라고 말합니다.

중력 만들기

중력이 거의 미치지 않는 우주 공간에서 중력을 만들 수 있습니다.

예를 들어, 로켓 뒤에 방을 매달아 놓고 로켓을 일정한 속력으로 움직이게 하면 방에 있는 사람은 무중력 상태를 경험하게 됩니다. 일정한 속력으로 움직이면 가속 운동을 하지 않아 관성력이 생기지 않기 때문이지요.

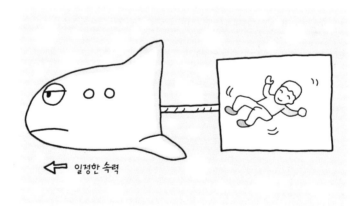

← 일정한 속력

갑자기 빨라짐

이때 이 로켓이 가속된다고 하면 가속되는 방향과 반대 방향으로 관성력이 생겨 둥둥 떠 있던 사람은 바닥에 떨어지게 됩니다. 이것은 로켓의 가속 운동이 마치 중력을 만든 것처럼 여겨질 수 있습니다.

이 방법은 실제로 그리 편리한 방법은 아닙니다. 로켓이 계속 가속되면서 같은 방향으로 여행해야 하기 때문이지요. 하지만 우주에서 지구에서처럼 지낼 수 있는 방법이 있습니다.

그것은 우주 도시라고 알려져 있는데, 다음 페이지의 그림과 같이 도넛 모양의 통을 일정한 속력으로 회전시켜 중력이 있는 것처럼 만드는 방법입니다.

이때 물체는 가속 운동을 하게 됩니다. 원운동의 중심 방향으로 구심 가속도를 가지게 되니까요. 이것에 대한 관성력은 그와 반대 방향으로 작용하게 되어 바깥쪽이 마치 땅처럼 여겨지는 공간을 만들 수 있습니다.

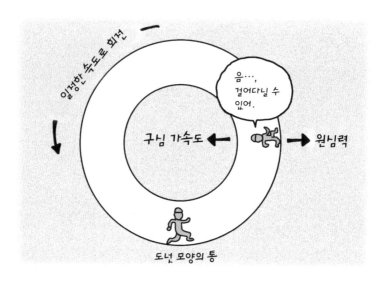

선생님, 중력이 없어서 제대로 설 수가 없어요.

우주에는 중력이 없어서 어쩔 수가 없어요.

그럼 중력을 만들 수는 없나요?

둥둥

쿵

방법이 없는 것은 아니에요.

그앙

으악!

로켓이 가속된다고 하면 가속되는 방향과 반대 방향으로 관성력이 생깁니다. 이것은 로켓의 가속 운동이 마치 중력을 만든 것처럼 여겨질 수 있지요.

이건 아닌 것 같아요.

하하.

선생님, 다른 방법은 없나요? 있죠, 네?

우주 도시라고 알려져 있는 것으로 도넛 모양의 통을 일정한 속력으로 회전시켜 중력이 있는 것처럼 만드는 방법이 있습니다.

일정한 속도로 회전

구심 가속도

원심력

원운동의 중심 방향으로 구심 가속도를 가지게 되지요. 이것에 대한 관성력은 그와 반대 방향으로 작용하게 되어 바깥쪽이 마치 땅처럼 여겨지는 공간을 만들 수 있습니다.

훨씬 편하고 좋네요.

빙글 빙글

4

무중력의 물리

무중력 상태에서도 물체가 바닥으로 떨어질까요?
무중력 상태에서 물리가 어떻게 달라지는지를 알아봅시다.

4

무중력의 물리

오늘부터는 무중력 공간과 일반 공간의 다른 점이 무엇인가에 대해 알아 보겠습니다.

위로 올라간 물체는 중력 때문에 바닥으로 떨어집니다. 하지만 무중력 공간은 중력이 없으므로 물체가 떨어질 이유가 없지요. 그러므로 물체는 둥둥 떠다니게 됩니다.

사람의 무게는 지구가 잡아당기는 중력의 크기입니다. 하지만 무중력 공간에서 사람들의 몸무게는 하나같이 0이 되지요.

그럼 무중력 상태에서는 몸무게를 어떻게 잴까요?

용수철 사이에 사람을 끼워 흔들어 보면 몸무게를 잴 수 있습니다. 이때 무게가 가벼우면 용수철이 빠르게 흔들리고, 무게가 무거우면 천천히 흔들립니다. 이처럼 무중력 공간에서는 용수철이 흔들리는 정도에 따라 무게를 알 수 있습니다.

무중력 상태에서 볼펜으로 글씨를 쓸 수 있을까요? 결론부터 말하면 볼펜은 나오지 않습니다. 이유는 간단합니다. 볼펜은 액체인 잉크가 떨어지면서 써지는 것인데 중력이 없으면 액체가 아래로 내려오지 않기 때문입니다. 그러므로 무중력 공간에서는 연필을 이용해야 글씨를 쓸 수 있습니다.

작용, 반작용

무중력 상태에서는 아무리 무거운 물체라도 살짝만 건드리면 움직입니다. 그것은 물체들이 공중에 떠 있어 마찰력을 받지 않기 때문이지요.

또한 무중력 공간에서는 작용과 반작용의 법칙이 아주 잘

적용되어 공중에 둥둥 떠다니면서 방귀를 뀌면 우리는 앞으로 나아갈 수 있습니다.

과학자의 비밀노트

작용, 반작용

두 물체 A, B가 상호 작용할 때, 두 물체 사이에는 서로 같은 크기의 힘을 주고받는 것을 작용, 반작용이라고 한다. 예를 들어 A가 B를 미는 힘이 작용이라면 B가 A를 미는 힘인 반작용이 생긴다.

예를 들어 어부가 노를 저으면(작용) 물이 뒤로 밀리는 만큼 배가 앞으로 나아가는 것(반작용), 로켓이 아래로 가스를 내뿜으면(작용) 그 힘에 밀려 로켓이 날아가는 것(반작용) 등이 있다.

선생님, 우주에서 제 몸무게는 얼마나 될까요?

사람의 무게는 지구가 잡아당기는 중력의 크기입니다. 따라서 무중력 공간에서 모든 사람들의 몸무게는 0이 되지요.

그럼 제 몸무게는 어떻게 잴 수 있나요?

용수철 사이에 사람을 끼워 흔들어 보면 몸무게를 잴 수 있답니다. 무게가 가벼우면 용수철이 빠르게, 무거우면 천천히 흔들립니다.

우주에는 정말 신기한 게 많아요. 다 기록해야겠어요.

어? 글씨가 안 써져요!

볼펜은 액체인 잉크가 떨어지면서 써지는 것인데, 중력이 없으면 액체가 아래로 내려오지 않기 때문이에요.

따라서 무중력 공간에서는 연필을 이용해야 글씨를 쓸 수 있습니다.

쓱쓱!

무중력의 화학

무중력 상태에서 불꽃이 타는 모양은 어떻게 될까요?
무중력 상태에서의 화학이 어떻게 달라지는지 알아봅시다.

5

무중력의 화학

가가린이 무중력 공간에서의
화학적인 현상에 대한 내용으로
다섯 번째 수업을 시작했다.

가가린이 유리병에 절반쯤 물을 채운 후 뚜껑을 닫고 흔들다가 내
려 놓았다. 그러자 물속에 거품이 만들어졌다가 잠시 후 원래의 모
습으로 돌아왔다.

보글
보글

하지만 이 실험을 무중력 공간에서 하면 달라집니다. 1962년에 러시아의 보스토크 4호 조종사인 포포비치(Pavel Popovich, 1930~2009)가 무중력 공간에서 처음 실험했는데, 무중력 공간에 있는 물속에서는 거품이 여러 곳에 생기지 않고, 한군데서 점점 커지는 모습이 되는 것을 알 수 있었습니다.

무중력 공간에서 성냥을 켜면 어떻게 될까요? 이때는 불꽃이 동그랗게 만들어지면서 점점 커지다가 나중에는 점점 작아지며 꺼지게 됩니다.

이것은 연소 때 생긴 연기가 위로 올라가지 못하고 불꽃 주위를 감싸기 때문입니다. 이렇게 연기가 불꽃과 산소가 만나는 것을 방해하기 때문에 불꽃은 금방 꺼지게 됩니다.

지구에서는 뜨거운 공기는 가벼워서 위로 올라가고, 차가운 공기는 무거워서 아래에 깔리면서 뜨거운 공기와 차가운 공기가 섞이는 대류가 일어납니다.

하지만 무중력 공간에서는 모든 것의 무게가 0이므로 뜨거운 공기가 위로 올라갈 이유가 없습니다. 그러므로 무중력 공간에서는 대류가 전혀 일어나지 않아 스팀을 틀어도 방 전체가 훈훈해지는 일은 없습니다.

무게가 없다는 것은 압력이 없다는 것을 의미합니다. 그러므로 물에 뜨거나 가라앉는 현상도 생기지 않습니다. 즉, 돌멩이를 물에 넣어도 가라앉지 않겠지요.

가가린은 냉장고에서 콜라를 꺼내 컵에 따랐다. 그러자 기포들이 밖으로 튀어 나왔다.

이 현상은 무중력 공간에서는 일어나지 않습니다. 콜라 속에 들어 있던 탄산 가스가 튀어 나오지 않으므로 사실상 탄산 음료를 만드는 것은 불가능합니다.

또 다른 예로는 물방울이 완전한 공 모양을 이룬다는 것입니다. 물방울은 물 분자가 서로 잡아당기는 표면 장력 때문에 공 모양을 이루지만 중력이 있을 때는 표면 장력 이외에 중력이 작용하기 때문에 낙하할 때 위쪽이 약간 뾰족한 모양이 되고 바닥에서는 평평한 모양이 됩니다. 하지만 무중력 상태에서는 완전한 공 모양을 이루게 됩니다.

과학자의 비밀노트

무중력 상태에서의 첨단 과학 제품

무중력 상태에서는 지구에서 만들 수 없는 첨단 과학 제품을 만들 수 있다. 최초의 제품은 1980년대 우주 왕복선에서 액체 플라스틱으로 만든 아주 미세한 공이다. 이것은 무중력 상태에서 만들어지기 때문에 중력의 영향을 받지 않은 완벽한 공 모양이 된다. 바늘 구멍만 한 크기의 이 공들은 현미경 위에 나란히 놓아 크기를 재는 기준으로 사용하기도 하고, 미세한 구멍이 뚫린 필터를 시험하는 데 쓰이는 등 여러 가지 용도로 이용된다.

또한 화학 용액을 냉각시켜 결정체를 만들 때, 무중력 상태라면 대류가 일어나지 않기 때문에 완벽한 결정 구조를 얻을 수 있다.

선생님, 우주에서의 생활은 지구와 어떻게 다른가요?

이 콜라를 한번 생각해 볼까요?

무중력 공간에서는 탄산 가스가 밖으로 나오지 않아 탄산 음료를 만드는 것은 불가능합니다.

우주에서는 콜라를 못 마시는군요.

그럼, 무중력 공간에서 성냥을 켜면 어떻게 될까요?

중력이 없다면…. 글쎄요. 잘 모르겠어요.

불꽃이 동그랗게 만들어지면서 커지다가 금방 작아져 꺼지게 됩니다. 이것은 연소 때 생긴 연기가 위로 올라가지 못하고 불꽃 주위를 감싸 불꽃과 산소가 만나는 것을 방해하기 때문입니다.

자, 물속에 거품이 만들어졌다가 원래의 모습으로 돌아가지요?

착 착 착

이것을 우주에서 하면 어떻게 될까요?

무중력 공간에서 컵 안에 있는 물을 흔들면 거품이 여러 곳에 생기지 않고, 한 군데서 점점 커지는 모습이 됩니다.

무중력이란 참 신기하네요.

무중력 상태의 생물

무중력 상태에서 사람이 오래 살면 어떤 변화가 있을까요?
무중력 상태에서 생물은 어떤 변화가 있는지 알아봅시다.

6

여섯 번째 수업

무중력 상태의 생물

가가린의 여섯 번째 수업은
무중력 상태에서의
생물학에 대한 내용이었다.

1973년에 발사된 스카이랩(Sky-lab) 호에서는 무중력 상태에서의 생물들에 대한 실험이 진행되었습니다. 그 결과 무중력 상태에서도 지구에서와 마찬가지로 씨에서 싹이 돋아나고, 물고기는 알을 낳고, 거미는 지구에서처럼 집을 짓는다는 것을 알아냈습니다. 아직까지는 중력이 작용하는 지구에서의 상태와 다를 것이 없지요?

자, 그럼 이제 어떤 점이 지구에서와 다른가를 알아봅시다.

사람과 같은 고등 동물은 유전자가 복잡하기 때문에 무중력 상태를 경험한다고 해도 유전자가 바뀌지 않지만, 식물이

나 미생물 같은 하등한 생물은 유전자가 바뀔 수 있습니다.

실험 결과, 무중력 상태에 오래 노출된 씨앗을 지구로 가져

와서 다시 심었더니 유전자의 변화 때문에 사람 몸통만 한 포

도가 열리고, 특정 성분이 더 많이 포함된 과일이나 채소가 만들어졌습니다.

인체의 변화

무중력 상태에서 사람의 몸은 어떻게 변할까요?

먼저 얼굴이 붓게 됩니다. 지구에서는 중력 때문에 체액이 발 쪽에 많이 몰리지만 무중력 상태에서는 체액이 고르게 분포하기 때문에 상대적으로 위쪽인 얼굴에 많이 퍼지게 되면서 뇌가 자극을 받게 됩니다. 그래서 오줌도 많이 나오고 얼굴도 부어오르게 되지요.

또한 무중력 상태에서는 사람의 키가 커집니다. 이것은 관절 사이에 작용하는 중력이 없어 관절의 틈이 벌어지기 때문이지요. 하지만 지구로 돌아오면 키는 원래대로 돌아옵니다. 보통 성인의 경우 무중력 상태에서 2.5cm쯤 키가 커진다고 알려져 있습니다.

무중력 상태에서는 우주 멀미라는 증상을 겪게 됩니다. 왜냐하면 중력이 작용할 때는 우리 귓속에 있는 반고리관에서 몸의 중심을 잡을 수 있는데, 중력이 없어지면 반고리관이 제 기능을 하지 못해 멀미를 하게 되는 것입니다.

또한 몸속 뼈의 칼슘이 빠져나갑니다. 중력이 없기 때문에

우리 몸을 지탱하기 위한 튼튼한 뼈가 필요 없게 되므로 칼슘이 빠져나가게 되는 것이지요. 그리고 특별히 힘을 쓸 일이 없기 때문에 근육에서도 단백질이 빠져나가 근육이 약해집니다.

따라서 오랫동안 무중력 상태에 있게 되면 뼈와 근육이 약해져 지구에 돌아오면 잘 걷지 못하는 경우도 있습니다.

선생님, 우주에 있으니깐 얼굴이 부었어요.

무중력 때문에 생기는 현상입니다.

무중력 상태일 때 또 다른 몸의 변화는 어떤 것이 있나요?

지구에서는 중력 때문에 체액이 발 쪽에 많이 몰리지만, 무중력 상태에서는 체액이 머리 쪽에 많이 몰리게 됩니다.

그래서 자고 일어난 후 얼굴이 더 많이 붓고, 뇌가 자극을 받게 되어 오줌도 많이 나오게 됩니다.

어쩐지 먹은 것도 별로 없는데 화장실에 자주 가고 싶더라.

또한 무중력 상태에서는 키가 커집니다. 이것은 관절 사이에 작용하는 중력이 없어 관절의 틈이 벌어지기 때문이지요.

그것은 좋네요.

하지만 뼛속에서 칼슘이, 근육에서 단백질이 빠져나가게 됩니다. 또한 우리 귓속에서 몸의 중심을 잡아 주는 반고리관이 기능을 못해 멀미도 일어납니다.

오래 있으면 좋지 않겠네요.

맞아요. 오랫동안 무중력 상태에 있게 되면 뼈와 근육이 약해져 지구에 돌아가면 잘 걷지 못하는 수도 있습니다.

정말요? 여기서 운동이라도 열심히 해야겠어요.

7

무중력 공간에서의 생활

무중력 공간에서는 어떻게 음식을 먹고 화장실은 어떻게 사용할까요?
무중력 공간에서 달라지는 생활에 대해 알아봅시다.

무중력
공간에서의 생활

7

가가린이
한 손에 우유를 들고
일곱 번째 수업을 시작했다.

오늘은 무중력 상태에서 음식을 먹는 방법에 대해 알아보겠습니다. 먼저 우유와 같은 액체를 마시는 일을 생각해 봅시다.

가가린은 병뚜껑을 열고 우유를 마셨다.

우유가 내 입으로 들어온 것은 우유가 중력의 영향을 받아 아래로 떨어지기 때문입니다. 하지만 무중력 공간에서는 우유가 아래로 떨어지지 않습니다. 무게가 0이니까요. 그러므

로 늘 마시던 방법으로는 우유를 마실 수가 없습니다.

무중력 공간에서 우유를 마시려면 손으로 긁어서 입으로 밀어 넣거나 빨대를 사용해야 합니다. 무중력 공간이라도 약간의 공기는 있으므로 빨대를 사용하면 우유를 마실 수 있지요.

가가린이 냉장고에서 아이스크림을 꺼내 들고 있었다. 잠시 후 아이스크림이 녹으면서 뚝뚝 떨어졌다.

이것은 고체 상태의 얼음이 녹으면서 물이 되고, 그 물이 지구의 중력 때문에 바닥으로 떨어지는 현상과 같습니다. 하지만 무중력 상태에서는 물이 되어도 떨어지지 않으므로 아이스크림 주위에 녹은 액체 상태의 아이스크림이 바닥으로 떨어지지 않고 동그랗게 뭉치게 됩니다.

그럼 라면은 끓여 먹을 수 있을까요? 열의 이동 방식은 전

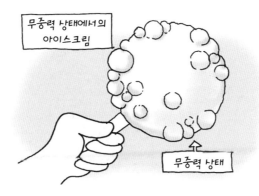

무중력 상태에서의
아이스크림

무중력 상태

도, 대류, 복사의 3가지입니다. 라면을 끓일 때는 물이 대류에 의해 끓어야 합니다. 하지만 무중력 공간에서는 대류가 이루어지지 않으므로 라면을 끓이는 것은 불가능합니다.

우주선의 음식

무중력 상태에서는 국물이 있는 음식이나 가루가 흩어지는 과자류는 잘 먹지 않습니다. 그것은 국물이나 가루가 흩어지면 청소하는 데 시간이 많이 걸리기 때문이지요.

그래서 주로 사용하는 방법은 플라스틱 주머니에 건조식품을 넣어 보관하는 것입니다. 그리고 먹을 때는 권총 모양의 튜브에 가루와 물을 넣어 불어나게 한 후 손으로 눌러 밀어내

면서 먹습니다.

무중력 상태에서의 생리 현상

이번에는 무중력 상태에서 생리 현상을 해결하는 방법과
주의 사항에 대해 얘기하겠습니다.

제일 먼저 용변을 해결하는 방법을 알아보죠.

무중력 상태에서는 낙하가 이루어지지 않는다고 얘기했습
니다. 그러므로 지구에서처럼 오줌을 누면 바닥으로 떨어지
는 것이 아니라 방울이 되어 사방으로 흩어집니다. 만일 이
런 상황이 벌어지면 지구에서의 진공 청소기와 비슷한 흡입
기로 오줌 방울들을 빨아들여야 하는데, 그건 여간 힘든 일

이 아닙니다.

그러므로 오줌은 공기 흡입 펌프를 통해 주머니에 모았다가 나중에 버리는 방법을 택합니다. 공기 흡입 펌프는 오줌을 빨아들여 주머니로 보내는 역할을 하지요.

대변의 경우도 공기 흡입 펌프를 이용하여 떨어뜨리지만, 이때 가스가 모이게 되면 폭발의 위험성이 있으므로 그물주머니로 방귀와 냄새들을 빨아들여 대변 탱크에 저장합니다.

우주선에서는 물이 매우 귀한 편입니다. 그래서 요즘은 모은 소변을 이용해 깨끗한 물을 만드는 연구가 진행되고 있습니다.

정말 지구에서의 생활과는 다른 점이 많죠?

＿그래서 한 번쯤 가보고 싶어요.

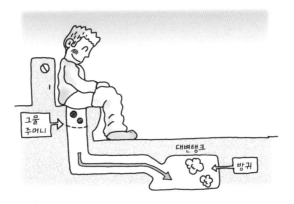

방귀 이야기

우주선은 밀폐되어 있어 환기가 되지 않습니다. 그러므로 방귀를 그대로 뀌게 되면 방귀의 주성분인 메탄이나 수소가 우주선 내에 가득 차 고약한 냄새가 모이게 됩니다.

뿐만 아니라 메탄이나 수소는 불이 잘 붙으므로 이 기체들이 많이 모이면 우주선이 폭발할 위험도 있습니다.

그러므로 우주선 안에서 방귀를 뀔 때는 반드시 화장실의 공기 흡입 펌프를 통해 한곳에 모아 두어야 합니다.

휴~, 시원하다.

하하, 냄새 한 번 고약하군요.

우주선은 밀폐되어 있어서 방귀를 뀌면 방귀의 주성분인 메탄이나 수소가 가득 차게 된답니다.

죄송해요. 너무 급해서 그만, 헤헤.

또 메탄이나 수소는 불이 잘 붙어서 이 기체들이 많이 모이면 우주선이 폭발할 위험도 있어요.

쾅

폭발이요? 그러면 앞으로 생리 현상은 어떻게 해결하지요?

무중력 상태에서는 낙하가 이루어지지 않아 오줌이 떠다니게 되지요. 그래서 오줌은 공기 흡입 펌프를 통해 주머니에 모았다가 나중에 버리지요.

무중력 상태

으악~ 오줌이 막 돌아다니네.

그렇군요. 그럼 대변의 경우는 어떻게 하나요? 대변에도 가스가 있잖아요?

대변도 공기 흡입 펌프를 이용해 떨어뜨리지만, 이때 가스가 모이면 폭발 위험이 있으므로 그물주머니를 이용해 방귀와 냄새들을 빨아들여 대변 탱크에 저장해요.

무중력 상태에서는 생활이 많이 불편하네요.

그물 주머니

대변 탱크

방귀

무중력 상태에서는 국물이 있는 음식이나 가루가 흩어지는 과자류도 잘 먹지 않아요. 그래서 먹을 때는 튜브에 건조식품과 물을 넣어서 먹지요.

에구, 자장면이라도 시켜 먹을 수 있으면 좋을 텐데….

8

우주 왕복선에서의 생활

우주 왕복선에서는 어떻게 자고, 세수는 어떻게 할까요?
우주 왕복선에서의 생활에 대해 알아봅시다.

8

우주 왕복선에서의
생활

가가린의 여덟 번째 수업은
우주선 생활에 대한 것이었다.

우주 왕복선은 로켓에 비해 여러 번 사용할 수 있기 때문에
경제적이지요.

하지만 우주 왕복선에서 제일 먼저 조심해야 하는 점은 발
사할 때의 충격입니다. 자동차가 갑자기 출발하면 우리는 몸
이 뒤로 밀려나는 관성력을 경험합니다. 그런데 우주 왕복선
은 자동차보다 훨씬 빠르기 때문에 관성력이 더욱 크지요. 따
라서 몸을 눕히고 안전벨트로 단단히 고정해야 합니다.

이렇게 출발한 우주 왕복선은 2분 후 부스터라는 고체 연
료통을 떼어냅니다. 이 통은 낙하산에 의해 지구로 떨어져

나중에 다시 사용하게 되지요.

발사 후 약 8분이 지나면 우주 왕복선은 고도 300km 지점에서 1시간 반 만에 지구 1바퀴를 돌게 됩니다. 이때부터 조종사들은 무중력 상태를 경험하게 됩니다.

우주선 안에서의 생활

우주선 안에서는 어떻게 생활할까요? 우선 중력이 없어서 청소는 흡입기를 들고 돌아다녀야 하므로 매우 힘이 듭니다. 그러므로 쓰레기가 잘 생기지 않도록 해야겠지요.

또한 우주선에서는 물이 매우 귀합니다. 그러므로 이를 닦을 때는 물 없이 삼킬 수 있는 치약을 사용합니다.

그럼 샤워는 어떻게 할까요? 물이 떨어지지 않으므로 통속에 들어가 샤워기를 틀고 아래쪽에 있는 공기 흡입 펌프를 작동시킵니다. 그러면 위에서 물방울들이 떨어져 내려 물방울 샤워를 할 수 있습니다.

머리카락을 자를 때는 날리지 않도록 흡입기로 빨아들이면서 잘라야 합니다. 또한 화장품 중에서 절대 사용할 수 없는 것은 파우더입니다. 파우더는 바닥으로 떨어지지 않고 여기저

공기 흡입기 →

위잉~

기로 흩날리기 때문에 우주선을 아주 지저분하게 만들지요.

　우주선에서 잠을 잘 때는 둥둥 떠다니며 잘 수 없으므로 벽에 고정되어 있는 침낭으로 들어가 지퍼를 닫고 잠을 자면 됩니다. 중력이 없으므로 위아래가 없어 6개의 벽면을 모두 활용할 수 있어서 방 하나에 많은 사람들이 잘 수 있습니다.

우주선 밖에서의 활동

　우주선 밖으로 나갈 때는 반드시 우주복을 착용해야 합니다. 그렇지 않으면 압력이 낮아져 몸속의 질소가 팽창하게 되어 몸이 터질 수도 있으니까요.

우주선 밖에서 이동할 때는 질소 가스를 분출하여 그 반작용으로 움직입니다.

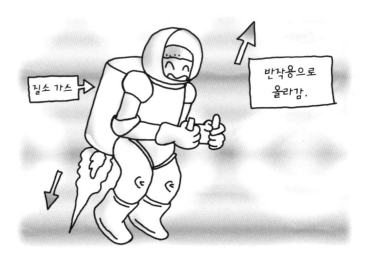

질소 가스

반작용으로
올라감.

지구로 귀환

우주 왕복선이 지구 대기권으로 들어오기 전까지는 초속 7.7km 정도의 속력을 냅니다. 그러나 대기권으로 들어온 이후에는 우주 왕복선과 공기가 마찰을 하게 됩니다. 그래서 우주 왕복선은 제트기 정도의 속력을 유지합니다.

대기권으로 들어올 때는 마찰열로 인해 우주 왕복선의 온도가 1,500℃까지 올라갑니다. 하지만 우주 왕복선에는 1,800℃까지 견딜 수 있는 내열 타일이 수만 장 붙어 있어 안전하게 대기권으로 들어올 수 있습니다.

우주 왕복선은 대기권에서 글라이더처럼 비행을 하여 보통의 비행기처럼 활주로에 착륙합니다. 이때 활주로의 길이는 약 2.5km이고, 착륙할 때의 속력은 초속 100m 정도입니다.

스페이스 콜로니

우주에서 사람들이 살 수 있는 도시를 민들 수 있을까요?
스페이스 콜로니에 대해 알아봅시다.

마지막 수업

스페이스 콜로니

가가린이 조금은 아쉬운 표정으로
마지막 수업을 시작했다.

오늘은 사람들이 우주에서 살 수 있는 스페이스 콜로니(space colony)에 대해 알아보겠습니다.

스페이스 콜로니란, 우주 정거장을 발전시켜 우주의 다른 행성이나 위성에 인간이 거주할 수 있는 환경을 갖추어 놓은 거대한 인공위성입니다.

물론 스페이스 콜로니는 아직 실현되지 않았지만 이것이

만들어지면 1만 명 정도가 살 수 있는 우주의 새로운 도시가 될 것입니다.

스페이스 콜로니는 도넛 모양일 것이라고 상상하고 있습니다. 이것은 회전을 하기 때문에 바깥쪽으로 중력이 생겨 사람들이 지구에서처럼 생활할 수 있을 것입니다.

양동이에 물을 담고 빙빙 돌리면 물이 쏟아지지 않는 것과 같은 원리이지요.

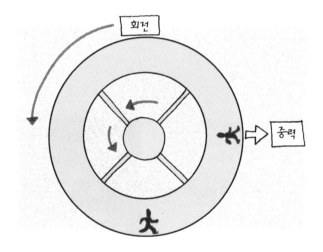

스페이스 콜로니에는 비스듬하게 기울어진 초대형 거울을 통해 햇빛을 모아 빛이 들어오게 합니다. 이때 한쪽은 낮이 되고 그와 반대쪽은 밤이 되는 것입니다.

또한 거울의 각도를 바꿈에 따라 햇빛이 들어오는 각도가 달라지므로 원하는 계절을 만들어 줄 수 있습니다.

스페이스 콜로니에서는 태양 전기를 이용하여 전기를 풍족하게 사용하고, 필요할 때 인공 비를 내리게 하여 농사에 이용합니다.

또한 이곳에서는 회전의 중심에 가까울수록 중력이 작아집니다. 그러므로 이곳에 있는 산의 꼭대기가 스페이스 콜로니의 중심 높이가 되면 산꼭대기에서는 무중력 상태가 되어 둥둥 떠다니게 될 것입니다.

물론 스페이스 콜로니를 건설하는 데에는 많은 비용이 필요하므로 수백 년 뒤에나 만들어지게 될 것입니다. 하지만 이것은 혹시라도 모를 지구의 위기 상황에 대비하여 지구인 중 일부를 대피시킬 수 있는 곳으로 필요합니다.

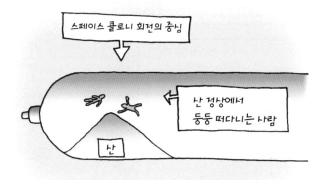

스페이스 콜로니 회전의 중심

난 정상에서 둥둥 떠다니는 사람

산

여기는 스페이스콜로니예요.

스페이스콜로니요?

우주 정거장을 발전시켜 인간이 거주할 수 있는 환경을 갖추어 놓은 거대한 인공위성이지요. 하지만 아직 실현되지는 않았어요.

그런데 왜 스페이스콜로니는 도넛 모양인가요?

스페이스콜로니가 회전을 하기 때문이지요. 그래서 바깥쪽으로 중력이 생겨 사람들이 지구에서처럼 생활할 수 있어요.

회전

중력

양동이에 물을 담고 빙빙 돌리면 물이 쏟아지지 않는 것과 같은 원리군요.

그럼 스페이스콜로니에서는 낮과 밤을 어떻게 구별하나요?

초대형 거울을 통해 햇빛을 모아 스페이스 콜로니 안으로 빛이 들어오게 만들어서 낮과 밤을 만들지요.

햇빛

그렇군요.

스페이스 콜로니에서는 태양 전기를 이용해서 전기를 풍족하게 사용하고, 필요할 때 인공 비를 내리게 하여 농사에 이용합니다.

오늘은 비가 와야 겠어.

알았어. 3시간만 비를 내리게 할게.

정말 대단하네요. 나중에 지구에 위기 상황이 생길 때 대피하면 되겠네요.

하지만 스페이스 콜로니를 건설하는 데에는 많은 돈이 필요해서 아마 오랜 후에나 만들어지게 될 것 같아요.

매트와 로린의
무중력 대탐험

이 글은 저자가 창작한 과학 동화입니다.

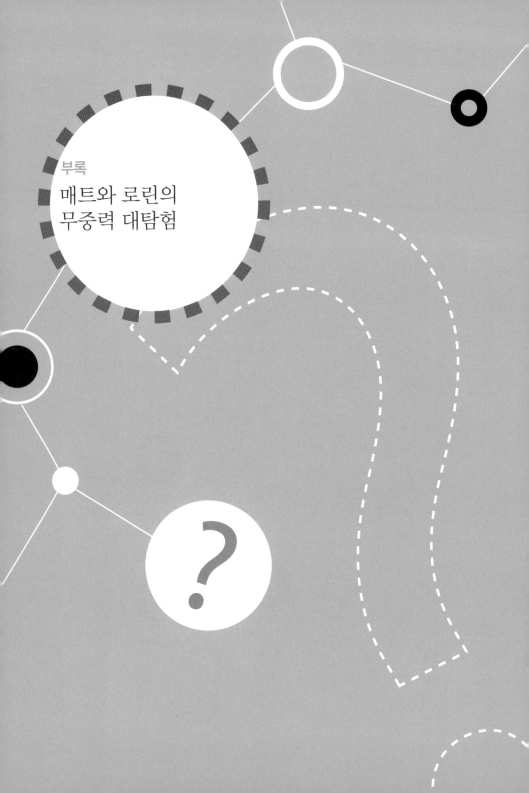

부록

매트와 로린의
무중력 대탐험

로린이 아침부터
매트를 찾아왔습니다.

"매트, 일어나."

로린이 매트를 깨웠습니다.

"5분만 더!"

피곤에 지친 매트는 이불을 두 손으로 꼭 거머쥐며 말했습니다.

"매트! 오늘 우주 여행하기로 되어 있잖아."

로린은 이불을 휙 걷어 젖히고는 매트를 끌어내 화장실에 밀어 넣었습니다.

"열 셀 동안 세수하고 나와."

　로린은 화가 난 것처럼 무섭게 말했습니다. 로린과 매트는 스페이스 초등학교 5학년에 다닙니다. 두 사람은 우주 퀴즈 대회에서 우승을 하여 꿈에도 그리던 우주 왕복선을 타고 무중력 상태를 경험할 수 있게 되었습니다.

　퀴즈 대회는 두 학생이 한 조를 이루어 참가할 수 있는데 매트는 천재 소녀 로린 덕분에 한 문제도 맞히지 않고 우주 여행을 할 수 있는 기회를 갖게 된 것입니다.

　오늘은 바로 두 사람이 우주로 떠나는 날이었지요.

　"하나, 둘, 셋,……, 아홉,……."

　로린이 아홉을 세고 있을 때 매트는 재빨리 고양이 세수를

하고 나왔습니다. 로린에게 혼날 것 같았기 때문이지요. 매트와 로린은 절친한 친구이지만 꼼꼼한 로린은 항상 매트에게 잔소리를 합니다.

"매트, 오늘 바쁘단 말이야."

"알았어. 준비할게."

매트는 투덜댔습니다.

두 사람은 서둘러 우주 과학 기지로 갔습니다. 아직 출발까지는 2시간 정도의 여유가 있었습니다.

어떻게 초등학생 2명이 우주 왕복선을 타냐고요? 그건 걱정할 필요가 없습니다. 우주 왕복선을 같이 타고 갈 로봇 X가 두 사람을 도와줄 거니까요. 로봇 X는 내장된 프로그램에 따라 우주 왕복선을 안전하게 조종하고, 또 두 사람에게 우주에서의 재미있는 추억을 만들 수 있게 해줄 것입니다.

드디어 출발 시간이 되었습니다. 로봇 X와 매트, 로린은 우주 왕복선 안으로 들어갔습니다. 두 사람은 안전띠를 맸습니다. 하지만 로봇 X는 안전띠가 필요 없습니다. 강한 자석에 붙어 있기만 하면 되지요. 매트와 로린은 기대되지만 두렵기도 하여 부들부들 떨었습니다.

"삼, 이, 일, 제로."

드디어 우주 왕복선 아프로가 발사되었습니다. 매트와 로린

의 얼굴이 엄청난 가속으로 인한 충격으로 일그러졌습니다.

"우훗!"

로린이 비명을 질렀습니다. 겁이 많은 매트는 눈을 꼭 감고 있었습니다.

"이제 안전띠를 풀어도 됩니다."

잠시 후, 로봇 X의 소리가 들렸습니다.

매트와 로린은 안전띠를 풀고 자리에서 일어났습니다. 그런데 깜짝 놀랄 일이 벌어졌습니다. 매트와 로린의 몸이 둥둥 떠다니는 것이었지요.

"우리가 왜 떠다니는 거지?"

매트가 물었습니다.

"여기는 지구에서 멀어서 지구가 우리를 잡아당기는 힘(중력)이 없기 때문에 그래. 우주 여행을 하려면 이렇게 중력이 없는 곳에서 지낼 수 있어야 해. 또 이렇게 중력이 없는 상태를 무중력 상태라고 하지."

똑똑한 로린이 친절하게 설명해 주었습니다.

그때 매트의 주머니에서 동전이 떨어졌습니다. 동전은 바닥에 떨어지지 않고 둥둥 떠 있었습니다.

"로린, 저길 봐. 동전이 둥둥 떠다녀."

매트가 소리쳤습니다. 로린은 마치 물속에서 수영하는 모습으로 동전을 잡으러 갔습니다. 로린의 손에 동전이 잡혔습니다.

“내 거야.”

매트가 동전을 빼앗으려고 했습니다. 하지만 로린은 우주선 안을 헤엄쳐 다니면서 요리조리 피했습니다. 이렇게 두 사람은 우주선 안을 둥둥 떠다니며 놀았습니다. 창밖 저 멀리로는 푸른 지구가 조그맣게 보였습니다.

“우유 마실래?”

로린이 물었습니다.

“좋지. 우주에서의 우유 맛은 어떨까?”

매트는 기대에 부풀었습니다.

로린은 냉장고 쪽으로 날아가 우유 2개를 꺼내왔습니다. 매트는 병을 따고 우유를 먹으려고 했습니다. 그런데 웬일인지 우유가 나오지 않았습니다.

“매트, 병을 거꾸로 들어도 우유는 흘러내리지 않아. 지구에서 우유가 흘러내리는 건 우유 알갱이를 지구가 잡아당기기 때문이야. 여기는 중력이 없으니까 우유 알갱이가 밑으로 떨어지지 않거든.”

“그럼 어떻게 먹지?”

매트가 불만 섞인 목소리로 말했습니다.

“손가락으로 조금씩 긁어내면 돼.”

매트가 손가락으로 긁어내자 우유가 방울이 되어 병 밖으

로 나왔습니다. 매트는 그 방울을 쫓아갔습니다. 그러나 그 방울은 로린의 입으로 들어갔습니다.

"아이, 맛있어."

로린이 말했습니다.

"로린! 내 우유야."

자신의 우유를 빼앗긴 매트는 화가 났지요. 매트는 손으로 우유를 마구 긁었습니다. 로린도 우유를 긁었습니다. 여기저기에 방울이 되어 날아다니는 우유가 보입니다. 로린과 매트는 날아다니는 우유 방울을 먹었습니다. 무중력 공간에서의 우유 먹기는 아주 스릴이 있었지요.

"매트! 누가 더 많은 우유를 먹나 내기 할까?"

로린이 제안했습니다.

"좋아. 나의 우주 유영 솜씨를 뽐낼 때가 왔군!"

매트는 자신만만해했습니다.

두 사람은 우주선 안을 물고기처럼 이리저리 헤엄치면서 둥둥 떠다니는 우유 방울을 먹었습니다. 두 사람은 서로의 모습을 보면서 웃음이 나왔지요.

그런데 두 사람이 동그라미 모양의 우유 방울에 동시에 달려들어 서로 먹으려고 하다가 그만 입술을 부딪치고 말았습니다.

"어머!"

로린의 얼굴이 빨개졌습니다. 하지만 매트는 내심 좋아하는 표정이었습니다.

두 사람은 이렇게 무중력 공간에서 둥둥 떠다니며 신기한 경험을 했습니다. 매트가 둥둥 떠다니는 책상의 서랍을 열려고 하자 서랍은 열리지 않고, 오히려 매트가 책상쪽으로 끌려갔습니다. 이것은 마찰력이 없기 때문이지요. 서랍을 당기면 책상도 사람을 당깁니다. 하지만 지구에서는 마찰력이 있어 사람은 끌려가지 않고 서랍만 열리지요. 하지만 무중력 공간에서는 마찰이 없어 무게가 가벼운 사람이 오히려 책상쪽으로 끌려가게 되는 것입니다.

우유를 너무 많이 먹어서인지 매트는 갑자기 속이 이상해
졌습니다. 하긴 그동안 우주에서 먹은 식사는 플라스틱 주머
니에 있는 음식을 손으로 눌러 짜서 먹은 것이 전부였기 때문
에 속이 좋을 리가 없었지요.

"뽀옹."

매트의 방귀 소리가 들렸습니다.

"매트, 냄새가 너무 지독해!"

로린은 코를 막았습니다. 하지만 속이 좋지 않은 매트의 방
귀는 끊이질 않았습니다. 결국 우주선 안은 매트의 방귀로
가득 차게 되었습니다.

방귀의 메탄 가스 성분이 로린의 코를 자극했습니다. 로린
은 더 이상 우주선 안에 있을 수가 없어 우주복으로 갈아입고
우주선 밖으로 나갔습니다.

그녀는 질소 가스를 뿜어내면서 우주 공간을 돌아다녔습
니다. 질소 가스를 뿜어내는 힘의 반작용으로 움직이는 거
죠. 우주에는 공기가 없어서 더 이상 방귀 냄새는 나지 않았
습니다.

"아니! 저건 뭐지?"

로린은 우주선을 바라보다가 소리쳤습니다. 우주선에 불이
났기 때문입니다. 로린이 나간 뒤 우주선이 계기 고장을 일

으켜 불꽃이 일어났고, 그 불꽃이 매트가 뀐 방귀에 붙었던 것입니다.

매트는 이산화탄소가 들어 있는 소화기를 불이 난 곳에 뿌렸습니다. 하지만 불은 꺼지지 않았습니다.

그때 로린이 들어와 말했습니다.

"매트! 소화기는 무중력 공간에서는 쓸모가 없어. 지구에서는 이산화탄소가 공기보다 가볍기 때문에 불 주위에 모여 있어서 불이 산소와 만나는 것을 막아 주지만, 이곳에서는 모든 기체의 무게가 0이니까 이산화탄소가 밑으로 가라앉지 않는다고!"

로린이 소리쳤습니다. 불은 점점 커져 조종실 전체를 태우고 있었습니다.

두 사람과 로봇 X는 뒤쪽 선실로 가는 문으로 달려갔습니다. 그리고 매트는 손잡이를 돌렸습니다. 하지만 손잡이는 돌아가지 않고 매트의 몸이 빙글빙글 돌았습니다. 작용과 반작용이 일어났고 마찰력이 없었기 때문이지요.

"안 되겠어. 로봇 X, 문을 부숴!"

로린이 소리쳤습니다. 로봇 X의 손에서 강력한 총알이 발사되어 문에 명중했습니다. 충격으로 문은 열렸지만 로봇 X는 반작용으로 뒤로 나동그라졌습니다.

"로봇 X가 위험해!"

로린은 치솟는 불길이 로봇 X를 덮치려고 하자 소리 질렀습니다. 로린은 초강력 자석을 작동시켰습니다. 그러자 쇠붙이 로봇 X는 초강력 자석에 빠르게 달라붙었습니다.

두 사람과 로봇 X는 부서진 문을 통해 뒤쪽 선실로 가서 비상용 캡슐 로켓에 올라탔습니다.

"시동 장치가 어디 있지?"

로린은 이리저리 둘러보았습니다. 버튼이 너무 많아 찾을 수 없었으니까요. 조종실을 태운 불길은 이미 뒤쪽 선실로 퍼져 왔습니다.

"큰일이야. 이 방에는 우주선의 연료로 사용되는 엄청난 양의 수소 기체가 있어. 수소는 폭발성이 강해 불이 붙으면 엄청나게 폭발하게 될 거야."

로린은 점점 다가오는 불길을 바라보며 초조하게 시동 버튼을 찾았습니다.

"무서워!"

불길이 캡슐을 덮치는 순간 매트는 로린에게 기댔습니다. 그 순간 선실의 문이 열리면서 캡슐 로켓이 발사되었습니다. 매트가 실수로 건드린 버튼이 바로 시동 버튼이었던 거죠.

"매트! 수고했어."

로린이 매트에게 고마워했습니다.

캡슐 로켓이 우주선을 빠져나오고 얼마 후 우주선이 통째로 폭파되었습니다. 하지만 아무 소리도 나지 않았습니다. 공기가 없어서 소리가 전달되지 않았기 때문이지요.

캡슐 로켓은 뒤로 질소를 뿜어내며 그 반작용으로 어딘가를 향해 날아가고 있었습니다.

"어디로 가는 거지?"

매트가 물었습니다.

"글쎄. 나도 이 로켓은 처음 타 보기 때문에 모르겠어. 일단은 이 방향으로 쭉 가게 될 것 같아."

로린이 두리번거리며 말했습니다.

주위는 칠흑 같은 어둠이었고, 저 멀리 조그만 별빛들이 희미하게 보였습니다.

죽을 뻔하다가 살아난 두 사람은 잠이 들었습니다. 로봇 X도 기능에 이상이 생겼는지 별 움직임 없이 조용히 있었습니다. 로켓은 어딘가를 향해 계속 나아가고 있었습니다.

"삐삐."

로켓에서 경고음이 나왔습니다.

"무슨 소리지?"

매트가 잠에서 깨어 물었습니다.

"물체를 발견한 것 같아."

로린도 잠에서 깨어났습니다.

"저게 뭐지?"

저 멀리 도넛 모양의 커다란 우주 정거장이 눈앞에 나타났습니다.

"우주 정거장이야. 조금 쉬었다 가야겠어. 로봇 X를 타고 저 곳으로 가자."

로린이 담담하게 말했습니다. 매트는 조금 불안하기는 했지만 로린의 말을 따르기로 했습니다. 잠시 후 캡슐 로켓의 문이 열려 로봇 X는 두 사람을 팔에 안고 발 끝에서 질소를 분출시켜 그 반작용으로 우주 정거장을 향해 날아갔습니다.

두 사람은 입구를 찾기 위해 우주 정거장을 1바퀴 돌았습니다.

"저기야."

로린이 입구를 찾았습니다. 두 사람은 입구를 통해 우주 정거장 안으로 들어갔습니다.

우주 정거장 안은 무중력 상태였습니다. 우주 정거장이 돌지 않기 때문이지요. 두 사람은 둥둥 떠다니면서 여기저기를 둘러보았습니다.

그들이 본 첫 번째 방은 식당이었습니다. 여기저기 음식과

식판들이 둥둥 떠다니고 있었습니다.

"음식이야."

매트가 꼬르륵 소리를 내며 말했습니다.

두 사람은 헤엄쳐 다니면서 둥둥 떠다니는 음식을 먹었습니다.

"이곳은 식당으로 쓰던 방이야. 중력만 있다면 식당으로 영업을 해도 될 만큼 시설이 아주 좋아."

로린은 식당을 두리번거리며 말했습니다.

"로린, 저기 문이 있어."

매트가 문 손잡이를 발견했습니다.

두 사람과 로봇 X는 문을 열고 두 번째 방으로 들어갔습니

다. 순간 놀라운 광경을 보았습니다. 역기와 아령과 같은 무거운 헬스 기구가 둥둥 떠다니고 있었던 것입니다.

"이곳은 헬스클럽으로 사용하던 곳인가 봐. 하지만 중력이 없으니 역기가 무슨 소용이 있겠어."

로린이 말했습니다.

"무슨 소리야. 역기를 들면 얼마나 운동이 되는데."

매트가 말했습니다.

"바보야. 여긴 무중력이니까 역기의 무게가 모두 0이야. 무게가 0인 역기를 드는데, 무슨 운동이 되겠어?"

로린이 말했습니다. 매트는 입을 삐죽이 내밀었습니다.

잠시 두 사람은 말이 없었습니다. 로린이 무언가를 생각하고 있었기 때문이지요.

"그래! 이곳을 개조해 사업을 하면 되겠어."

로린이 무릎을 탁 치며 무언가 생각이 난 듯 말했습니다.

"무슨 소리야. 중력이 없어 식사도 불편하고 운동도 안될 텐데."

매트가 로린을 이상한 듯 쳐다보았습니다.

"중력을 만들면 되잖아?"

"어떻게 만들지?"

"우주 정거장을 회전시키면 중력이 만들어질 거야. 그럼 사람들이 똑바로 걸어다닐 수 있을 거야."

로린은 이렇게 말하고 나서 로봇 X에게 프로그램을 입력했습니다.

"쿵."

잠시 후 두 사람은 바닥에 떨어졌습니다.

"조심해."

로린이 매트에게 소리쳤습니다.

역기가 매트 쪽으로 떨어지고 있었으니까요. 로린의 소리에 놀라 매트는 몸을 굴려 역기를 피했습니다.

"휴! 로린, 고마워."

매트는 너무 놀라 가쁜 숨을 몰아쉬었습니다.

"그런데 왜 모두 떨어진 거지?"

매트는 주위를 둘러보며 말했습니다. 이제 공중에 둥둥 떠다니는 것은 아무것도 없었습니다. 바닥에 모두 떨어졌으니까요.

"중력이 생겼어."

로린은 바닥을 이리저리 걸어다니면서 말했습니다.

"어떻게 한 거지?"

매트가 다시 물었습니다.

"로봇 X에게 우주 정거장을 돌리게 했어. 우주는 저항이 없으니까 한 번 돌기 시작하면 계속 돌게 될 거야. 이렇게 원운동을 하면 가속 운동을 하니까 관성력이 생겨. 그 관성력이 우주 정거장에 중력을 준 거야."

로린이 친절하게 설명해 주었습니다.

"이제 이 우주 정거장에 식당과 헬스클럽을 만들어 손님을 받을 거야. 중력이 있으니까 편안하게 식사하고 운동도 할 수 있지. 우린 돈을 벌어 다시 지구로 돌아가는 표를 구하면 되고."

로린이 앞으로의 계획을 늘어놓았습니다.

"그거 좋은 생각이야!"

매트도 맞장구를 쳤습니다.

　두 사람은 로봇 X의 도움으로 식당과 헬스클럽을 깨끗하게 정리하고, 식당에 '로린 레스토랑'이라는 간판을 걸었습니다.

"뭐야? 왜 네 이름만 들어가는 거야."

매트가 투덜거렸습니다.

그러자 로린은 매트를 헬스클럽으로 데리고 갔습니다.

'매트 헬스클럽'이라고 쓴 간판이 보였습니다.

"내 이름이잖아!"

매트는 로린에게 삐쳤던 것이 부끄러워 얼굴이 화끈거렸습니다.

이렇게 두 사람은 식당과 헬스클럽의 사장이 되었습니다.

물론 로봇 X는 지배인이 되었고요.

"그런데 어떻게 사람들에게 알리지?"

매트가 물었습니다.

"그건 내게 맡겨!"

로린은 빙긋 웃었습니다.

그러고는 로봇 X에게 무언가를 입력했습니다.

"위잉."

소리와 함께 수만 장의 종이가 로봇 X의 입에서 튀어나왔습니다.

"저게 뭐지?"

매트는 종이를 들여다보았습니다. 그것은 다음과 같이 적

힌 광고지였습니다.

'로린 레스토랑과 매트 헬스클럽을 오픈합니다.'

"대단한데."

매트는 자신이 사장이라는 것에 너무나 신이 났습니다.

"그런데 이 광고지를 어떻게 뿌리지?"

매트가 궁금해했습니다.

"그건 내게 맡겨!"

로린이 말했습니다.

로린은 로봇 X의 입에 다시 수만 장의 광고지를 넣고 우주 공간으로 나갔습니다.

잠시 후 로린은 로봇 X의 등 뒤에 있는 버튼을 눌렀습니다. 그러자 로봇 X의 입에서 전단지들이 우주를 향해 날아갔습니다.

그것은 마치 거대한 종이 쇼 같았습니다. 중력도 공기도 없는 우주 공간을 날아가는 종이는 조그만 비행 물체처럼 우주 곳곳으로 날아갔으니까요.

광고지는 우주의 여러 곳으로 날아갔습니다. 어떤 광고지는 사람들이 이주해 간 스페이스 콜로니로, 또 어떤 광고지는 다른 행성에 살고 있는 사람들에게로, 또 어떤 광고지는 우주를 돌아다니는 로켓으로 날아갔지요.

이리하여 많은 사람들이 광고지를 보았고 로린 레스토랑과 매트 헬스클럽으로 몰려들었습니다. 그동안 무중력 상태에서 불편하게 식사를 하던 사람들이 로린 레스토랑에서 깔끔한 테이블보가 깔려 있는 식탁에 앉아 웃음꽃을 피우며 맛있는 식사를 할 수 있게 되었습니다.

또한 그동안 무중력 공간에서 뼛속의 칼슘이 빠져나가고 근육 속의 단백질이 빠져나가 약해질 대로 약해진 사람들은 매트 헬스클럽에서 체계적인 운동을 하게 되었습니다.

로린과 매트는 이렇게 하여 많은 돈을 벌게 되었습니다.

"우리 계속 여기서 살까?"

매트가 돈을 세며 말했습니다.

"나는 돈보다는 집이 좋아. 친구들도 만나고 싶고……."

로린은 이렇게 말하고는 그동안 번 돈으로 지구로 갈 수 있는 우주선을 구입했습니다. 그리고 꿈에도 그리던 집으로 돌아오게 되었지요.

그럼 매트의 헬스클럽과 로린의 레스토랑은 누가 맡고 있을까요?

그것은 바로 영원히 죽지 않는 로봇 X이지요. 로봇 X는 돈이 필요 없기 때문에 이윤을 붙이지 않고 장사를 해서 우주인들에게 즐거움을 주고 있답니다.

가가린은 소련 스몰렌스크 주
의 클루시노에서 태어났습니다.
클루시노는 매우 작은 마을인데,
지금은 가가린의 업적을 기리기
위해 마을 이름을 가가린으로 바
꾸었다고 합니다.

가가린은 전쟁 때문에 중단했던 공부를 계속하기 위해
1950년에 류베르치 주물 학교에 등록하였습니다. 류베르치
는 비행기 공장으로도 유명하여 가가린은 학교를 다니면서
비행사들과 어울리며 시험 비행을 눈여겨보았습니다. 이후
주물 학교를 졸업한 가가린은 사라토프 공대에 입학하여 비
행 수업을 받았습니다.

1955년에 비행기 수료증을 받은 가가린은 다시 오렌부르

크의 비행 학교에 입학하였으며, 1957년에 졸업한 후 전투기 조종사로 소련 공군에 입대하였습니다. 약 157cm의 작은 키 때문에 비행 훈련을 할 때에는 의자 뒤에 방석을 깔아야 했지만, 후에 좁은 우주선에서는 작은 체격이 오히려 유리하게 작용하였습니다.

1961년 4월 12일 인공위성 보스토크 1호를 타고 처음 우주로 나간 가가린은 1시간 29분 만에 지구의 상공을 일주하여 인류 최초로 우주 비행에 성공하였습니다. 가가린은 우주에서 지구를 보고 "지구는 푸른빛이었다"라는 유명한 말을 남겼습니다.

우주 비행에서 무사히 돌아온 가가린은 정부로부터 훈장과 메달, 영웅 칭호를 받았습니다. 또한 소령에서 진급하여 우주 비행사 대대장을 지냈습니다. 그리고 1968년에 비행 훈련을 하던 도중 추락 사고로 사망하였습니다.

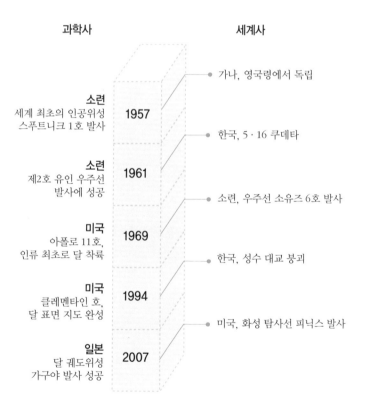

	과학사		**세계사**
			가나, 영국령에서 독립
	소련 세계 최초의 인공위성 스푸트니크 1호 발사	**1957**	
			한국, 5 · 16 쿠데타
	소련 제2호 유인 우주선 발사에 성공	**1961**	
			소련, 우주선 소유즈 6호 발사
	미국 아폴로 11호, 인류 최초로 달 착륙	**1969**	
			한국, 성수 대교 붕괴
	미국 클레멘타인 호, 달 표면 지도 완성	**1994**	
			미국, 화성 탐사선 피닉스 발사
	일본 달 궤도위성 가구야 발사 성공	**2007**	

1. 물체를 초속 11.2km 이상으로 던지면 지구로 다시 떨어지지 않고 우주
   로 날아가는데, 이 속력을 ☐☐ ☐☐ ☐☐ 라고 합니다.

2. 지구 주위를 빙글빙글 도는 인공위성을 타면 우리는 ☐☐☐ ☐☐
   를 경험하는데, 이때 사람이 받는 중력의 크기는 0이 됩니다.

3. 무중력 공간에서는 모든 사람의 ☐☐☐ 가 0이 됩니다.

4. 무중력 공간에서는 ☐☐ 가 전혀 일어나지 않으므로 난방을 하더라도
   방 전체가 훈훈해지는 일은 없습니다.

5. 우주선 밖에서 이동할 때는 ☐☐ ☐☐ 를 분출하여 그 반작용으로
   움직입니다.

6. ☐☐☐☐ ☐☐☐ 란 우주 정거장을 발전시켜 우주의 다른 행성
   이나위성에 인간이 거주할 수 있는 환경을 갖추어 놓은 거대한 인공위
   성입니다.

1. 지구 탈출 속도 2. 무중력 상태 3. 몸무게 4. 대류 5. 압축 가스 6. 스페이스 콜로니

2008년 4월 8일, 한국 최초의 우주인 이소연 씨가 러시아의 소유즈 우주선을 타고 우주로 날아올랐습니다. 소유즈 호는 2일간 비행한 후 3일째에 지구를 공전하고 있는 국제 우주 정거장(ISS)과 도킹했습니다.

이소연 씨는 우주 정거장에서 4월 19일까지 체류하면서 무중력 공간에서의 다양한 과학 실험을 수행했습니다. 무중력 공간에서 식물의 씨앗이 어떻게 자라는지, 초파리가 무중력에 어떻게 반응하는지, 미생물이 무중력 공간에서 어떻게 성장하는지를 알아보았습니다. 또한 중국에서 불어오는 황사나 우주에서 발생하는 번개를 관찰하고, 차세대 메모리 소자나 우주 저울에 대한 실험도 이루어졌습니다.

이러한 무중력 실험에 사용된 유일한 동물인 초파리는 스트레스를 최소화하기 위해 전자식 온도 유지 장치가 달려있는 상자에 넣어 우주로 보내졌습니다.

특히 우리나라가 개발한 우주 저울은 관성력을 이용한 가장 정밀한 저울로 판명되었습니다.

우주 시대에 대비한 차세대 메모리 소자의 실증 실험, 무중력 공간에서의 유기 다공성 물질의 결정 성장에 대한 실험은 학계와 산업계의 큰 관심을 모았습니다.

또한 청소년을 위한 과학 실험도 이루어졌는데, 그중 가장 눈길을 끈 것은 무중력 공간에서 진행되는 물의 현상 비교였습니다. 우주 정거장에서는 중력이 없기 때문에 주사기로 물을 밀어내면 물이 떨어지거나 흩어지지 않고 둥근 모양이 됩니다. 이때 빈 주사기를 찔러 넣어 공기를 주입하면 물방울이 커지면서 속에 빈 공간이 생기고 이곳에 다시 주사기로 물을 집어넣으면 이중 구조의 물방울이 만들어집니다.

펜글씨 쓰기도 주목을 받은 실험이었습니다. 무중력 공간에서는 중력이 없어 잉크가 아래로 내려가지 않아 펜글씨가 써지지 않습니다. 하지만 이번에 특수 제작된 펜은 심 뒤에 바람을 넣은 풍선을 달아 풍선의 공기 압력으로 잉크가 내려오게 하여 무중력 공간에서도 쓸 수 있었습니다.

이소연 씨는 귀환 후 무중력 공간에서의 생활 모습과 실험 결과를 전국 초·중·고등학교에 배포했습니다.